AF459002

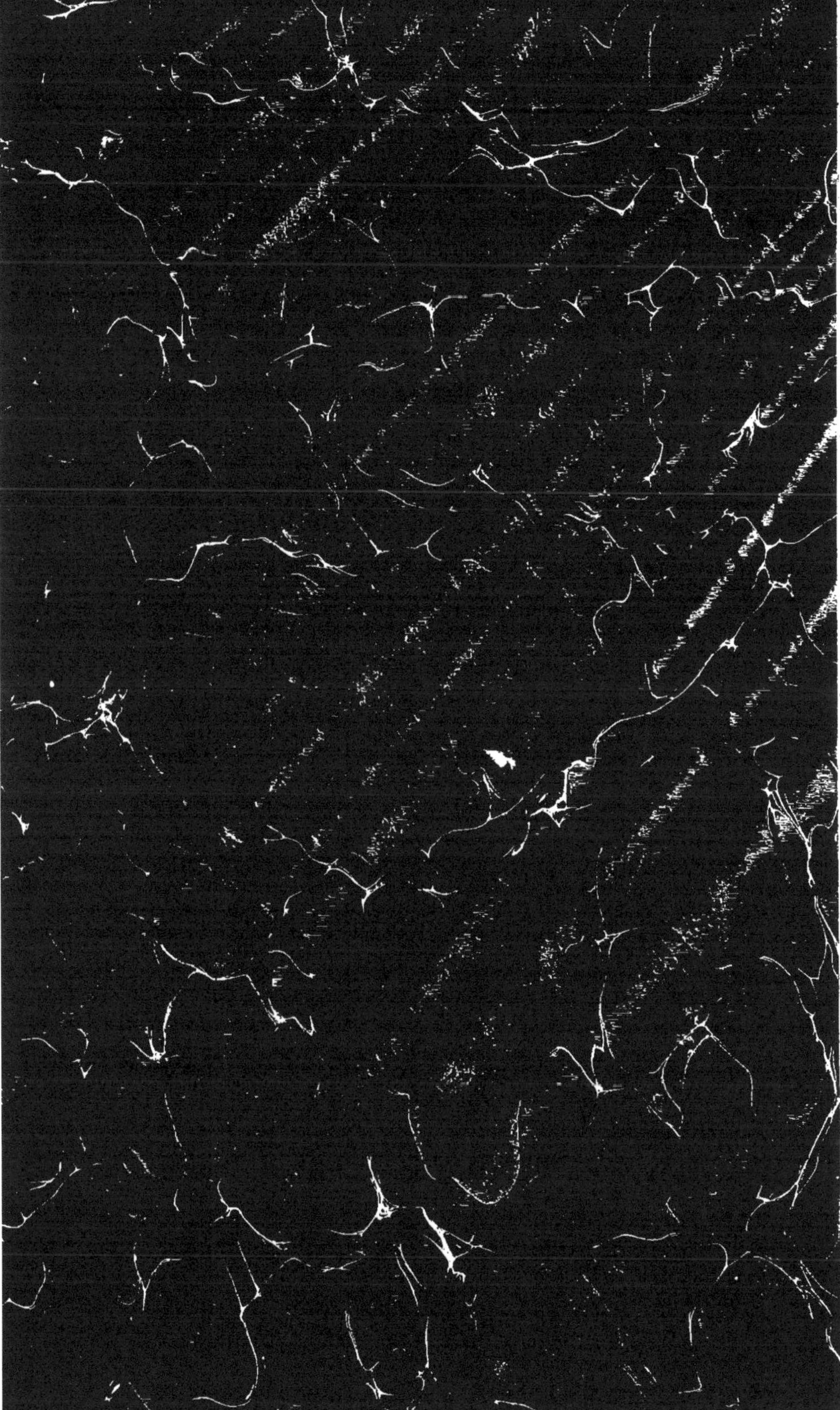

CIRCULAIRE DU COMITÉ

AUX

MEMBRES DE L'UNION

DES CONSTRUCTEURS DE MACHINES ET MÉTIERS.

V

ERRATA.

Page 19, *ligne* 26, formé, *lisez* fermé.

21, *rétablissez ainsi le cinquième alinéa :*

Il résulte en effet des comptes rendus par l'Administration des mines sur les machines à vapeur de terre qu'avant 1820 la France ne comptait que 57 machines à vapeur, presque toutes importées d'Angleterre.

24, *ligne* 3, *après le mot* heureux *ajoutez un point et lisez ainsi la phrase suivante :*

Au dire même de nos adversaires, il ne s'agit donc pas d'une infériorité flagrante ; ce sont des différences, tantôt en plus, tantôt en moins, et suivant les circonstances.

Paris. — Imprimerie et Fonderie normales de Jules Didot l'aîné, boulevart d'Enfer, n° 4.

CIRCULAIRE DU COMITÉ

AUX

MEMBRES DE L'UNION

DES CONSTRUCTEURS DE MACHINES ET MÉTIERS.

MESSIEURS,

L'ASSEMBLÉE des constructeurs du 17 juin dernier a porté les fruits que l'on devait attendre de l'unanimité qui a dicté les mesures à prendre pour la défense de notre industrie.

Plusieurs questions d'une importance immédiate et d'un grand intérêt d'avenir avaient surgi à la suite des projets de loi d'intérêt matériel qui devaient utiliser la session des Chambres. Elles avaient été l'objet de la sollicitude de l'assemblée.

C'était d'abord la nécessité de combattre les dispositions nouvelles introduites dans le projet de loi des douanes par rapport aux machines de navigation internationale, qui tendaient à nous en ôter la construction.

Venait ensuite le grand intérêt d'obtenir une part pour les ateliers français dans la construction des machines des paquebots transatlantiques.

Puis à propos des lois de chemins de fer s'élevaient des intérêts non moins dignes d'attention, démontrant que les ateliers français ne seraient mis à même de suffire aux besoins du pays en machines locomotives, que par le maintien du régime légal à l'abri duquel la construction des machines fixes s'est naturalisée en France.

Enfin l'assemblée ne se borna pas à indiquer les mesures à prendre par rapport aux questions que soulevaient les projets de loi de la session; elle signala aussi, et comme l'un des intérêts les plus pressants de sa réunion, la nécessité d'agir pour faire cesser les souffrances que cause à l'industrie l'introduction des machines étrangères soit à titre de modèles, soit par pièces détachées, soit au moyen de déclarations atténuant la valeur.

Pénétrée de la gravité des circonstances et de l'urgence de défendre par des soins continus et persévérants auprès de l'Administration, des Chambres et du public, son industrie si violemment attaquée, l'assemblée organisa un Comité auquel elle délégua ses pouvoirs.

Ce Comité a immédiatement commencé ses travaux; il vient vous en rendre compte.

MACHINES DE NAVIGATION INTERNATIONALE.

Le projet de loi des douanes réduit à 10 pour 100 le droit d'introduction des machines à vapeur de plus de 100 chevaux destinées à la navigation internationale.

Il est vrai qu'un drawback, ou remboursement du droit équivalant au droit sur les matières employées, est remis au fabricant de machines françaises construites pour la même destination.

La réduction du droit est évidemment funeste à notre industrie : elle portera toutes les commandes à l'Étranger ; le drawback ne compense pas le mal. Le drawback conviendrait à des ateliers complétement constitués, ayant une clientelle acquise ; pour qu'il fût suffisant, il faudrait qu'il nous permît de lutter contre les constructeurs anglais jusque dans leurs ports et pour leurs propres navires.

Le Comité ne s'est point dissimulé la haute gravité de ces dispositions ; appelé au sein de la Commission de la Chambre des Députés pour y présenter la défense des constructeurs, il a l'espoir d'y avoir modifié d'une manière favorable la conviction de ses membres. Le travail qui a été produit à cette occasion place les faits et la discussion sous leur véritable point de vue. Nous croyons devoir l'annexer ici [1].

La bienveillance que nous a montrée la Commission, l'attention soutenue de son rapporteur, M. Martin du Nord, ancien ministre du commerce et des travaux publics, nous sont de sûrs garants

[1] Voir à la fin la Note A.

que nos observations et notre travail auront une place sérieuse dans la discussion et les résolutions de la Commission.

CONSTRUCTION DES MACHINES DES PAQUEBOTS TRANSATLANTIQUES.

L'intérêt dont il s'agit ici est de la même nature que le précédent; mais il semble que le droit des constructeurs français à établir ces machines est plus net encore, puisque c'est l'État qui fait construire et qu'il est maître des prix. L'intérêt de l'État est aussi plus direct; si les machines de navigation sont des armes, il importe que l'État trouve chez nous ses arsenaux et qu'il n'en crée pas à l'Étranger. En France ou en Angleterre les commandes de l'État compléteront des ateliers, car ceux qui existent dans ces deux pays sont insuffisants. Il faut donc les donner à la France, si l'on ne veut pas rester entre les mains de l'Étranger pour l'entretien.

Sur cette question comme sur la précédente nous avons été entendus par la Commission de la Chambre des Députés chargée d'examiner le projet de loi; nous le disons avec reconnaissance, la valeur de notre industrie, l'importance des services qu'elle peut rendre ont été là largement appréciées. Nous ne pouvons mieux faire que de reproduire les termes du rapport de l'honorable M. de Salvandy, pour montrer la juste sollicitude que la Commission a apportée dans ses examens [1].

Nous vous ferons remarquer que, devant cette Commission, l'engagement a été pris par le Ministère de confier aux ateliers français une part importante de ces constructions; des promesses semblables ont été faites par l'Administration de la marine.

Nous rappellerons aussi, et pour y trouver l'occasion d'apporter un juste tribut de reconnaissance aux membres du Comité consultatif, qu'avant la présentation du projet de loi aux Chambres ce Comité fut interrogé sur la question de savoir si les constructeurs français étaient capables d'exécuter les grandes machines de navigation transatlantique, et qu'il répondit par un avis affirmatif.

Il est vrai que devant la Chambre des Pairs, malgré les raisons pleines de sagacité, d'esprit

[1] Voir la Note B.

national et d'entente pratique de la situation exposées par MM. Daru et Thénard, et dont nous rapportons les expressions, M. le président du conseil a atténué, en énonçant des intentions bien rigoureuses, l'espoir que nous avions conçu [1].

Quelques constructeurs ont adressé à M. le président du conseil une lettre qu'il est utile de reproduire ici pour l'intelligence de cette situation, ainsi que celle insérée au *Journal des Débats* [2].

MACHINES LOCOMOTIVES POUR LES CHEMINS DE FER.

Nous n'avons pas besoin de vous rappeler quelle était la position des ateliers français par rapport à la construction des machines locomotives à l'époque où notre assemblée a eu lieu.

Dans l'intention évidemment libérale de favoriser le développement des chemins de fer, à une époque où nos ateliers trouvaient d'immenses aliments de travail dans la sucrerie indigène, le Comité consultatif voulut qu'une introduction large et libérale de machines locomotives étrangères ré-

[1] Voir la Note C.

[2] Voir la Note D.

pandît à profusion les modèles. Le moyen qu'il employa fut de classer les machines locomotives dans les machines à dénommer, tarifées au droit de 15 pour 100, comme si ces machines ne devaient pas être considérées comme des machines à vapeur.

Le Comité consultatif ajouta d'abord à cette faveur le bénéfice des déclarations au-dessous de la valeur, mais qu'il a légèrement relevée depuis.

Tel était l'état des choses, lorsque, dans notre assemblée, de justes et légitimes plaintes s'élevèrent contre des tolérances dont l'objet était d'ailleurs rempli et dont les conséquences devenaient désastreuses.

Une pétition adressée à la Chambre fut renvoyée à la Commission des douanes, elle y provoqua des examens consciencieux; et il est vrai de dire que toutes les convictions étaient formées en faveur du retour à l'application de la loi de douane, par le classement des machines locomotives dans les machines à vapeur, lorsqu'un fait nouveau acheva de déterminer toutes les convictions.

Nous voulons parler de la motion de M. Arago. Ce savant, qui s'occupe avec zèle d'étudier les intérêts pratiques du pays, qui met une grande part de la force nationale dans le travail, s'est servi de son autorité scientifique pour lutter de front contre le préjugé qui frappe nos machines; et ses assertions lumineuses lui ont porté une atteinte, nous l'espérons, définitive.

Nous appelons votre attention sur le discours de M. Arago; nous en rapportons ici le texte[1]. Le langage de ce Député a, dans le fond, conquis toutes les adhésions.

M. le ministre du commerce l'a fait suivre d'assurances, nous disons, d'engagements, qui nous sont précieux : il nous a promis le retour à une interprétation sincère de la loi. Nous venons de nouveau d'insister pour une prompte exécution de cette promesse.

INTRODUCTION DE MACHINES ÉTRANGÈRES,

à titre de modèles, par pièces détachées, ou par atténuation du prix dans la déclaration d'entrée.

Nous arrivons au dernier point qui a fait l'objet

[1] Voir la Note E.

de nos délibérations et de nos soins; et comme il n'est pas un de nous qui ne soit directement intéressé dans les habitudes fâcheuses dont nous nous plaignons, nous ne pouvons mieux faire que d'insérer ici la lettre que nous avons adressée à M. le ministre du commerce à ce sujet [1].

Nous venons, Messieurs, de vous présenter le tableau résumé de l'ensemble de nos travaux. Nous ne nous sommes pas dissimulé l'importance du mandat que vous nous avez confié; pour ne pas la comprendre, il aurait fallu fermer les yeux sur la triste position de nos ateliers : cette position doit changer. Pour toutes les autres industries la crise semble toucher à son terme; pour nous elle continue dans toute son intensité. C'est que de puissantes sources de travail nous ont été ravies, et que l'on a semblé vouloir détourner de nous les nouvelles sources qui s'ouvraient pour remplacer celles que nous perdions.

Ne vous y trompez pas : à part les tolérances à l'importation des machines et pièces détachées, quelque spéciales que paraissent les autres ques-

[1] Voir la Note F.

tions qui ont fait l'objet de nos soins, une solution favorable importe à chacun d'entre nous, aux plus importants comme aux plus faibles de nos ateliers. En effet, la répartition de nos travaux suit une loi d'égalité pour ainsi dire forcée; il n'y a pas de prospérité exceptionnelle dans notre industrie, pas de cessation isolée de travail. Les ateliers de fonderie et de chaudronnerie sont intéressés à l'activité des ateliers de construction. Des machines de forte dimension commandées aux grands ateliers renvoient forcément aux ateliers moins étendus une part de travail auquel les premiers doivent renoncer pour faire place sur leurs outils à ces nouvelles machines.

La fonderie trouvera un aliment plein d'avenir dans les volumineuses pièces des machines de navigation. La chaudronnerie trouvera également, par les bateaux en fer et les chaudières, une source bien riche de travail dans ces entreprises; et la construction des machines locomotives constituera une spécialité qui ne permettra pas à ceux qui s'y livreront d'entreprendre les travaux courants, et ces travaux se déverseront naturellement sur les autres établissements.

Ces observations démontrent que notre cause est commune à tous, et qu'une intime solidarité nous unit.

Dans les questions à l'ordre du jour, quelque espoir qui nous anime, nous n'avons pas encore atteint le but, car nous ne vous donnons que des espérances : nous avons seulement acquis la preuve de l'utilité du concours de tous ; que du moins ce résultat nous serve dans la confiance et l'appui que vous avez donnés à votre Comité, et soyez certains que ses soins, ses travaux et son dévouement ne vous manqueront pas.

Les membres du Comité ;

PAUWELS, Député, président.
HALLETTE,
SCHNEIDER aîné,
ROWCLIFFE,
STEHELIN,
MAZELINE,
CAVÉ,
CALLA fils,
DEROSNE,
EDWARDS,
SAULNIER de la Monnaie,
PIHET.

LISTE DES MEMBRES DE L'UNION

DES CONSTRUCTEURS DE MACHINES ET MÉTIERS.

MEMBRES DU COMITÉ.

MM. Pauwels, Député, président.
Hallette.
Schneider aîné.
Rowcliffe.
Stehelin.
Mazeline.
Cavé.
Calla fils.

MM. Derosne et Cail.
Edwards.
Saulnier de la Monnaie.
Pihet.
Émile Martin, appelé.
Eugène Flachat, Ingénieur civil, secrétaire, adjoint au Comité.

MEMBRES DE L'UNION,

FONDATEURS, AYANT ASSISTÉ AUX ASSEMBLÉES.

MM. Antiq.
Babonneau.
Barker, Sudds, et Adkins.
Beslay fils.
Berendorf.
Bergue (de) et Spréafico.
Beugé.
Bourdon.
Boyer.
Casalis.
Cartier.
Chapelle.
Cochot.
Cordier.
Daneis.

MM. Dietrich.
Dietz.
Dubois et Lévêque.
Duresne.
Gallafent.
Godfernaux.
Grimpé.
Koechlin (André)
Lasgorseix.
Lavelay (de).
Mariotte.
Meyer.
Moulfarine.
Nillus.
Page.

MM. Pecqueur.
Pelletier.
Philippe.
Sanfort et Warrall.
Saulnier aîné.
Tamisier.
Thiébault aîné.
Thiébault (veuve).
Traxeler et Bourgois.
Thonnelier.

MM. Anger.
Anger fils.
Bosveau.
Benet et Cie.
Daniel.
Gache.
Leloup.
Évrard Leruste.
Rudler.
Havard.

Une nouvelle liste, portant les noms des Membres adhérents comme fondateurs ou correspondants, sera annexée à la prochaine circulaire.

NOTES.

NOTE A.

NOTE REMISE A LA COMMISSION DES PAQUEBOTS TRANSATLANTIQUES.

Les constructeurs réunis en comité ont considéré le projet de loi pour les paquebots à vapeur transatlantiques, comme la mesure la plus efficacement utile à l'industrie, que le Gouvernement puisse prendre en ce moment.

Depuis vingt ans presque tous les Ministères qui se sont succédé ont cherché à donner à l'industrie manufacturière toute espèce de ressource et d'encouragement.

Des cours nombreux et spéciaux pour l'industrie sont établis dans toutes les grandes villes; les Écoles d'Arts et Métiers de Châlons et d'Angers ont reçu des développements et d'importantes améliorations, le Conservatoire des Arts et Métiers marche rapidement dans la voie du progrès. Des exemptions de droits de douane sont accordées à ceux qui introduisent en France des machines nouvelles, à la charge de laisser publier les plans et descriptions de ces machines; et des recueils de planches admirablement exécutées répandent sur tout les points de la France la description parfaite et les plans complets de toutes les machines, de tous les appareils nouveaux dont la marche de l'intelligence enrichit constamment l'industrie.

Tous ces efforts du Gouvernement ont porté leur fruit; les expositions de l'industrie ont successivement attesté les développements énormes que prenaient nos manufactures, l'amélioration de leurs produits, et l'abaissement des prix: mais la marche du temps nous a fait voir le revers de la médaille; nous avons vu les crises commerciales devenir plus fréquentes et plus longues: la dernière, qui a commencé en 1838, dure encore; et tous les hommes d'expérience sont d'accord sur la principale cause de ces crises réitérées, *La production excède constamment la consommation.*

Nous avons trouvé en Angleterre de magnifiques exemples de l'extension que peut prendre l'industrie manufacturière et des immenses bénéfices qu'elle peut alors donner, mais nous n'avons pas assez remarqué que la pensée des hommes de la terre classique de l'industrie est constamment dirigée vers la création de nouveaux débouchés: le Gouvernement anglais en est sans cesse préoccupé, et je crois qu'on pourrait dire qu'il ne signe pas un seul acte diplomatique dans lequel le point de vue commercial n'entre pour une très grande part.

En Angleterre les développements de la production suivent toujours de très près les développements du commerce extérieur, chez nous ils les précèdent. Nous semblons compter principalement sur l'accroissement de la consommation intérieure, sur les nouveaux besoins que crée le bien-être général, pour absorber la masse toujours croissante de nos produits manufacturés.

L'expérience commence à nous démontrer que ces ressources sont insuffisantes et combien elles se resserrent dès le retour d'une de ces crises périodiques qui nous affligent si souvent.

C'est donc une grande et nationale pensée que l'établissement des nouvelles grandes lignes de navigation; nous espérons ne pas nous tromper en disant que les communications fréquentes, rapides et sûres qui vont s'ouvrir entre la France et les Amériques détermineront, dans nos relations commerciales à l'Étranger, un mouvement dont l'importance surpassera les prévisions générales.

Il y va donc de l'intérêt de toutes les industries françaises et, sur cette question, les Chambres ne sauraient s'associer d'une manière trop large aux vues élevées du Gouvernement.

La force et l'indépendance du pays tout entier y sont également intéressées à un très haut degré, car il est reconnu que les grands bâtiments à vapeur armés en guerre sont appelés à jouer un rôle extrêmement important dans une lutte maritime dont l'éventualité ne peut être négligée.

Or, si les paquebots à vapeur sont appelés à devenir des armes si puissantes, soit dans les luttes pacifiques du commerce, soit dans une guerre maritime, nous devons nous assurer des arsenaux pour la fabrication de ces armes, et si de tels arsenaux n'existaient pas il serait de toute nécessité de voter les fonds nécessaires pour les créer immédiatement.

Mais ces grands ateliers existent; Paris, Rouen, Arras, le Creusot, Marseille et l'Alsace, etc., les possèdent; ils sont spécialement montés pour la construction des machines à vapeur de grande force, ils ont fait leurs preuves, et déjà les paquebots de la marine royale ont reçu près de vingt-cinq machines françaises.

Ces ateliers sont inactifs ou très peu occupés, par les causes que nous avons signalées plus haut: leurs chefs, mus à la fois et par un sentiment d'orgueil national, et par l'ambition non moins louable d'y trouver dans l'avenir de légitimes profits, sont prêts à faire tous les efforts, tous les sacrifices pour donner de nouveaux développements à leurs puissants moyens de production, pour livrer au commerce et à l'État toutes les machines qui leur seront nécessaires; et je crois pouvoir affirmer, dès à présent, qu'ils seront en mesure de les livrer dans un délai plus court que celui qu'exigera l'achèvement des navires sur les chantiers de construction.

Nous croyons savoir cependant que quelques membres de la Chambre inclinent à demander que les machines à vapeur des grands paquebots soient commandées en Angleterre; une telle mesure nous paraîtrait un acte d'imprévoyance.

Nous ne pensons pas qu'il soit venu à la pensée de personne de proposer la fermeture des fonderies de canons de Douai et de Strasbourg, des manufactures d'armes de Saint-Étienne, de Châtellerault, etc., par la raison que l'on pourrait se procurer de bons fusils à Birmingham, d'excellents sabres en Silésie, ou de bonnes pièces d'artillerie en Russie.

Si les machines des grands paquebots sont demandées à l'Angleterre, si par surcroît on adopte la disposition du dernier projet de loi sur les douanes qui diminue le droit protecteur de la construction des machines, ces grands ateliers seront fermés, ou tout au moins les dispositions déjà établies à grand frais pour cette spécialité seront détruites.

Ces paroles ne sont pas exagérées, qu'on visite ces grands ateliers et on les verra tous, sans exception, réduits au quart, au sixième, au dixième même de leur personnel normal. On verra que leur fabrication actuelle ne peut payer leurs frais généraux; et que si un nouvel aliment n'est pas donné à leur activité, leurs chefs seront dans l'indispensable nécessité de mettre un terme à un état de choses aussi funeste, soit en cessant de travailler, soit en cherchant une industrie nouvelle. Quel que soit le parti qu'ils prennent, cet outillage spécial si largement établi, si coûteux, dans lequel des industriels recommandables ont immobilisé dans ces derniers temps le fruit de tant d'années de travail honorable et assidu, sera abandonné ou détruit.

Ces arsenaux tout prêts, dont nous vous parlions, n'existeront plus, et vienne une guerre maritime........

Ne croyons pas que nous pourrons les retrouver, les créer immédiatement, ils ont coûté cinq, huit, dix ans d'efforts pour les porter où ils sont aujourd'hui: il faudrait toujours plusieurs années pour les y ramener; et remarquons aussi, en passant, que nous aurons formé ainsi la meilleure école où puissent se former les mécaniciens conducteurs de machines à vapeur. Sur un bâtiment de grande navigation, un ingénieur intelligent et instruit doit sans cesse être prêt à faire face aux accidents que peuvent éprouver les machines par des événements de mer. Nos élèves des écoles spéciales ne seront jamais suffisamment instruits s'ils n'ont pas passé quelque temps dans ces grands établissements dont le sort est aujourd'hui menacé.

Nous avons un préjugé à combattre: Les machines françaises ne sont pas aussi solides, dit-on, aussi bonnes que les machines anglaises.

Le passé nous éclaire sur la fausseté de cette opinion, le même préjugé existait, il y a vingt ans, contre les machines françaises à vapeur destinées aux fabriques, l'importation des machines anglaises était considérable, elles marchaient bien parcequ'elles étaient conduites par des ouvriers habiles: mais bientôt la généralité de nos fabricants a compris que les mêmes soins obtiendraient des machines françaises les mêmes résultats, ils ont employé à la direction de leurs moteurs des ouvriers plus capables et mieux payés; et aujourd'hui, comme vous pouvez en juger par les tableaux comparatifs des machines établies en France et de celles importées, ces dernières n'entrent plus que pour une très minime fraction dans le nombre total.

Pour les machines de grande navigation les causes et les effets sont et seront les mêmes ; les machines anglaises éprouvent tout comme les nôtres des accidents plus ou moins graves : ces accidents sont d'autant moins nombreux que les ouvriers-mécaniciens chargés de leur conduite sont plus habiles et mieux rétribués ; et s'il était vrai (ce dont nous doutons) que quelques-unes de nos machines eussent présenté de l'infériorité sous ce rapport, il est hors de doute que cette infériorité cesserait entièrement dès le jour où les hommes qui les conduiraient seraient d'un mérite égal aux ouvriers conducteurs des machines anglaises.

Les mêmes préjugés ont long-temps existé contre nos instruments de précision, contre un grand nombre de machines que nous exécutions cependant aussi bien qu'en Angleterre ; ils sont aujourd'hui dissipés, et les savants, les ingénieurs anglais viennent demander en France des instruments d'astronomie, étudier nos appareils pour les phares, nos générateurs à vapeur, et le signataire de cette note a eu récemment le plaisir d'entendre un des industriels les plus distingués de l'Écosse reconnaître que les meilleures chaudières à vapeur étaient les chaudières françaises.

Cette observation avait trait au système de ces générateurs. Quant à la bonté de l'exécution, il résulte des observations consignées au Ministère de la marine que les générateurs français placés à bord des paquebots à vapeur offrent, en moyenne, une durée à peu près double de celle des générateurs anglais. La cause de cette différence est la supériorité reconnue des tôles françaises.

Les constructeurs français, dira-t-on, ne livreront pas assez vite : c'est précisément ce que disaient il y a quelques années les entrepreneurs de chemins de fer qui demandaient l'introduction libre des rails anglais.

L'auteur de cette note a combattu cette prétention ; il a dit que les usines françaises livreraient les rails beaucoup plus vite que les travaux de terrassement ne permettraient de les recevoir, et vous savez que partout cette prévision s'est justifiée : il en sera de même des grands paquebots à vapeur ; je pense même pouvoir dire qu'à très peu d'exceptions près, les machines construites en France jusqu'à présent ont été prêtes avant que la coque des bâtiments fût prête à les recevoir.

Nous avons pleine confiance que la Chambre s'associera largement à la pensée qui a dicté le projet de loi sur lequel elle est appelée à délibérer, et dont les résultats pour le pays sont incalculables : cinquante millions dépensés dans cette voie auraient pour le pays des résultats plus importants que deux cent millions dépensés en travaux intérieurs.

En assurant aux constructeurs français l'établissement des appareils de navigation elle aura de plus soutenu dans ses efforts l'industrie la plus intéressante, la mère des autres industries ; elle aura en même temps accompli un acte de sagesse et de haute prévoyance.

OBSERVATIONS

ADRESSÉES A LA COMMISSION DES DOUANES

PAR LES CONSTRUCTEURS DE MACHINES.

Le projet de loi sur les douanes propose de réduire à 10 pour 100 les droits sur les machines à vapeur destinées à la navigation internationale, précédemment fixés à 30 pour 100, en accordant comme compensation aux constructeurs français le remboursement des droits qui pèsent sur les matières premières qui entrent dans la construction des appareils fournis par eux.

L'Administration reconnaît elle-même que l'effet de cette disposition serait d'enlever aux ateliers français la fourniture des machines dont il s'agit, et de les restreindre à l'approvisionnement de la navigation fluviale. Nous avons eu l'honneur de faire observer à la Commission : 1° que la navigation fluviale est approvisionnée, que l'outillage spécial créé à grands frais pour les machines de 200 chevaux de force deviendrait sans emploi, et que cette industrie spéciale serait anéantie par la disposition projetée; 2° que les ateliers français étaient en mesure de suffire aux besoins du commerce, sous le double rapport de la perfection de leurs appareils et du délai de leur exécution.

A l'appui de notre première observation, nous avons l'honneur de vous adresser copie de la Note remise par nous à la Commission des paquebots transatlantiques; nous vous prions d'en prendre lecture, et nous pensons que vous ne trouverez pas trop exagéré l'aperçu que nous avons donné des conséquences funestes de l'abandon des grands ateliers français.

Nous demandons le statu quo; nous demandons le maintien d'un ordre de choses sous lequel la fabrication des machines à vapeur a fait en France d'immenses progrès, tant sous le rapport de la quantité des machines construites que sous celui de leur qualité et de la modération des prix.

MACHINES A VAPEUR FIXES, DITES MACHINES DE TERRE.

Il résulte en effet des comptes rendus par l'Administration des mines sur les machines à vapeur de terre qu'avant 1820 la France ne comptait que 57 machines à vapeur.

De 1820 à 1830, sous l'influence de la loi du 21 avril 1818 qui fixe le droi à 30 pour 100 avec compensation du droit sur les matières premières,

on a établi en France...	422	machines
on en a importé........	101	
Total.........	523	

L'importation se trouve ici réduite au-dessous du quart de la fabrication.

De 1830 à 1838 :

Les ateliers français ont produit...	1339	machines
L'importation s'est élevée à.......	206	
Total.............	1545	

L'importation, dans cette troisième période, n'égalait donc plus que le sixième de la fabrication.

Enfin, en 1838, nous possédons	1820	machines françaises
	305	— étrangères
Total. . .	2125	

NAVIGATION FLUVIALE.

Les progrès pour la navigation fluviale ont été excessivement grands.

Nous trouvons, page 24 du Compte rendu des mines pour 1839, les chiffres suivants, qui représentent l'état de cette navigation.

ANNÉES.	NOMBRE de machines à vapeur.	FORCE TOTALE en chevaux.	TONNEAUX de marchandises transportés.
1833	90	2.635	38.140
1838	207	7.493	274.808

Nous regrettons que la provenance de ces machines ne soit pas indiquée, mais nous sommes fondés à croire que le nombre des machines françaises est au moins égal à celui des machines étrangères.

Plusieurs circonstances ont démontré que pour la navigation de la haute et basse Seine, par exemple, nos constructeurs avaient plus de succès que les étrangers; nous citerons, entre autres, sur la basse Seine, les bateaux

Le Commerce,
La Foudre,
L'Atalante,
La Seine,
Le Charles X,
L'Hirondelle,
L'Aigle,

dont les machines anglaises ont été successivement détruites et remplacées par des machines à haute pression sorties des ateliers de M. Cavé à Paris.

Une expérience comparative et prolongée vient, sur la même ligne, de démontrer la supériorité des bateaux construits par le même ingénieur (les Dorades) sur des bateaux montés de machines anglaises construites par Barns de Londres.

Enfin Fawcett de Liverpool n'a pas été plus heureux sur la haute Seine, où ses machines ont dû céder la place à celles construites par M. Cochot, à Paris, et par M Cavé.

Nous devons mentionner encore que plusieurs tentatives infructueuses avaient été faites pour remonter le Rhône avec des machines anglaises : MM. Schneider du Creuzot ont accepté récemment cette tâche à des conditions auxquelles les constructeurs anglais n'avaient pas osé se soumettre; ils ont complétement remplis leurs engagements et le but qu'ils se proposaient d'atteindre.

NAVIGATION MARITIME.

Nous mettons sous vos yeux, Messieurs, trois tableaux relatifs aux bâtiments à vapeur faisant le service maritime, desquels il résulte

Que les constructeurs français ont fourni les machines dont le détail suit :

A la marine royale.	26	bateaux de la force de		3920	chevaux
A l'Administration des postes	4	—	—	640	—
Au commerce du Hâvre. . .	14	—	—	1245	—
Total. . . .	44 *	—	—	5805	—

Les constructeurs anglais ont armé :

Pour la marine royale.	9	bateaux	représentant	1740	chevaux
Pour l'Administration des postes	6	—	—	960	—
Pour le commerce du Hâvre. . .	24	—	—	2705	—
Total . . .	39	—	—	5405	—

Nous manquons de renseignements pour les autres ports; mais il y a lieu de croire que la proportion est la même.

Il nous paraît, Messieurs, que ces chiffres répondent complétement aux préjugés qui nous sont opposés; il n'est pas possible d'admettre que nous aurions pu atteindre le chiffre de 44 bâtiments sur le nombre total de 83, si nos machines eussent présenté une infériorité réelle.

Vous avez entendu d'ailleurs les représentants des armateurs vous dire que nos machines à haute pression étaient supérieures à celles anglaises, que dans quelques

* Nous comprenons dans ce nombre total les machines construites dans l'établissement d'Indret, appartenant au Ministère de la marine.

cas nos machines à basse pression approchaient de très près celles de nos rivaux, que l'on avait lieu de craindre seulement que pour des machines de très grande force nos premiers essais ne fussent pas tous heureux au dire même de nos adversaires; il ne s'agit donc pas d'une infériorité flagrante : ce sont des différences tout au plus, tout au moins et suivant les circonstances. Que peuvent ces objections contre les motifs puissants qui militent aujourd'hui en faveur de l'extension de l'industrie nationale, de la construction des machines à vapeur, et pourquoi ne ferions-nous pas aussi bien : nos matières premières sont égales ou supérieures à celles employées par les constructeurs anglais, les tôles françaises sont supérieures aux leurs; et il résulte des rapports des ingénieurs de la marine royale et des ingénieurs des chemins de fer, que les dernières chaudières à vapeur construites en France offrent une durée supérieure à la durée moyenne des chaudières anglaises?

MÉCANICIENS CONDUCTEURS DE MACHINES.

Si nos machines à vapeur ont éprouvé des accidents plus fréquents que les machines anglaises, n'hésitons pas à en signaler la cause : elle est principalement dans la moindre habileté des mécaniciens chargés de diriger, de conduire ces machines. La marine royale elle-même n'a pas encore entendu, sous ce rapport, ses véritables intérêts.

Un maître mécanicien anglais sur un bâtiment à vapeur reçoit 4000 francs par an.

Sur les bâtiments de l'État français un maître mécanicien reçoit 1800 francs par an. C'est là, nous le disons hautement, une funeste économie : combien n'épargnerait-on point sur la dépense annuelle de l'entretien d'un bâtiment de 160 chevaux, estimé en moyenne à 110,000 francs, en employant des hommes plus habiles! et quel est l'homme capable qui consentira à quitter les habitudes régulières de l'industrie et à courir les hasards de la mer pour un salaire aussi modique ?

QUESTION DES PRIX.

On pourrait objecter que le régime de douane dont nous demandons le maintien, et dont les résultats favorables sont justifiés par les faits qui précèdent, aurait pour effet de soutenir l'élévation des prix des machines à vapeur pour la navigation.

Le passé nous instruira encore à cet égard, et nous démontrera que le développement de la concurrence intérieure, résultat inévitable d'une protection suffisante, a précisément des résultats opposés.

Pour les machines de terre, les prix étaient en 1825 : pour les petites machines, 2000 fr. par force de cheval; et pour les grandes machines, 1500 fr. par force de cheval : par le fait de la concurrence intérieure, les prix ont été considérablement réduits.

La réduction des prix n'est pas moins sensible sur les machines de grande puissance pour la navigation maritime.

DÉLAIS POUR L'EXÉCUTION DES MACHINES.

Enfin il est évident qu'il ne peut y avoir rien de sérieux dans une dernière objection qui nous est faite sous le rapport des délais de la construction de nos appareils. Les établissements dont les noms figurent dans les tableaux que nous avons mis sous vos yeux sont dès aujourd'hui en mesure de livrer tout ce que l'État et le commerce peuvent exiger; d'autres établissements se sont formés ou se sont appliqués à cette spécialité par suite de la crise générale de l'industrie manufacturière : ainsi en 1831 deux concurrents seulement se sont présentés pour l'adjudication des machines à vapeur de la marine royale; en 1838, pour un appareil de 160 chevaux, 7 concurrents ont été admis, et, en 1839, 9 concurrents se sont présentés pour un appareil de 220 chevaux. Nous pouvons citer dès aujourd'hui huit établissements de premier ordre, dont l'extension répond entièrement aux besoins de la spécialité :

MM. Cavé, à Paris;
André Kœchlin, de Mulhouse;
Sudds, Barker et Adkins, de Rouen;
Hallette, à Arras;
Pauwels, à Paris;
Schneider frères, au Creusot;
Pihet, à Paris;
Stehelin et Hubert, à Bitschwiller;
L'établissement de La Ciotat;

Qui peuvent occuper ensemble plus de 5000 mécaniciens.

Nous devons mentionner ici l'établissement d'Indret, appartenant à la marine royale, qui peut confectionner annuellement plusieurs appareils de grande force, et un grand nombre d'ateliers très importants, tels que ceux de MM. Saulnier, Raymond, à Paris; Mazeline, au Hâvre; Mesnil, à Nantes; J.-J. Meyer et compagnie, à Mulhouse; Dietrich, à Niderbronn; Verpilleux, à Lyon : etc., etc.

Il est hors de doute que la moitié des établissements que nous venons de citer livreraient beaucoup plus de machines que les délais à la construction de la coque des bâtiments ne permettraient d'en recevoir.

FAIBLE INFLUENCE DU DROIT DE 30 POUR 100 SUR LES OPÉRATIONS MARITIMES.

Nous rappellerons ici en peu de mots que si les armateurs persévéraient dans leurs préjugés et voulaient encore s'adresser à l'industrie étrangère, la différence à leur charge entre le droit de 30 pour 100 et celui de 10 pour 100 n'est que de 40,000 fr. environ pour une machine de 160 chevaux : or les calculs de ces Compagnies portent à 800,000 fr. le capital engagé pour un paquebot de cette force, y compris le fonds de roulement.

Quels que soient les calculs que l'on présente, en faisant entrer en ligne de compte l'amortissement, les assurances, les renouvellements, il n'en résulterait pas moins qu'entre deux Compagnies, dont l'une aurait payé le droit de 30 pour 100, et l'autre celui de 10 pour 100, il n'y aurait que la différence de 800,000 à 840,000 fr.; et si l'on porte a 10 pour 100 l'intérêt du capital en machines, ce surcroît de charge ne sera que de 4000 fr. par an : et il est parfaitement clair que dans une entreprise dont les charges annuelles totales s'élèvent d'après les comptes rendus à 230,000 fr. un chiffre de 4000 fr. en plus ou en moins ne peut rendre l'opération bonne ou mauvaise.

Nous l'avons dit, ce qui excite les réclamations des armateurs n'est tout simplement que la peine qu'ils éprouvent à compter à la douane une somme assez notable contre laquelle ils ne recoivent qu'une quittance : mais en définitive ce n'est pas une charge pesante et elle est nécessaire, nous croyons l'avoir démontré.

CONCLUSIONS.

En résumé nous demandons, Messieurs :

1° La conservation de la législation actuelle, soit le maintien du droit de 30 pour 100 sur toutes les machines à vapeur sans distinction.

2° Que pour nous permettre de concourir avec l'industrie étrangère il soit remboursé par l'État aux constructeurs français, à titre de drawback des droits payés sur les métaux et la houille, 30 pour 100 de la valeur de chaque appareil qu'ils fourniront à un bâtiment affecté au service international, suivant d'ailleurs l'appréciation qui en sera faite par le Comité consultatif des Arts et Manufactures.

Considérant que le Gouvernement nous confiera l'exécution des bâtiments de l'État destinés à la navigation transatlantique, et qu'il nous donnera ainsi l'occasion de développer et de prouver la puissance de notre industrie, nous pensons que pour faciliter à l'industrie particulière la création de la ligne de paquebots du Hâvre à New-York il pourrait faire une *exception* en faveur de la Compagnie du Hâvre, pour les quatre ou cinq bâtiments d'une force de 400 chevaux au moins dont cette ligne sera composée, en lui donnant la faculté de prendre ses machines à l'Étranger, soit à un droit réduit de 10 pour 100, suivant le projet de loi, soit même en franchise suivant sa demande.

Mais nous répétons en terminant que nous regarderions comme un coup funeste porté à notre industrie, comme un mal irréparable, une modification écrite dans la loi au système protecteur dont les résultats obtenus pour les machines de terre et de navigation fluviale sont la mesure de ce qu'on doit attendre sous le rapport de la navigation maritime.

NOTE B.

(Extrait du rapport de M. de Salvandy.)

« Il est une question dont plusieurs pétitions nous ont saisis. L'établissement immédiat de 14 machines de 450 chevaux, et de plusieurs machines inférieures, mais puissantes, devait exciter toutes les sollicitudes de la fabrication indigène. Quel compte en devions nous tenir? Quoique le projet de loi se soit tu sur ce sujet, il nous a paru impossible de ne pas l'aborder. C'est, dans notre pensée, l'un des éléments importants du débat.

« Il faut d'abord le reconnaître : nous avons affaire ici de tous côtés à des intérêts français. Car il est très certain que si des machines imparfaites devaient rendre à peu près stérile l'entreprise nationale que le Gouvernement nous propose, en les admettant nous compromettrions les résultats mêmes que nous voulons obtenir.

« Deux objections sont faites aux constructeurs français, soit l'État, soit l'industrie privée : On construit mal; les machines fonctionnent avec moins de précision, les navires ont moins de marche : Et pour ce qui est des machines de 450 chevaux, nous n'en avons jamais construit.

« Sur la première objection : sans nier notre infériorité, il faut reconnaître une grande disposition à nous l'exagérer. Le dénigrement de nous-mêmes fait partie de notre vanité nationale. Il est hors de contestation qu'il existe sur nos fleuves les plus rapides des machines puissantes, sorties des ateliers français, qui soutiennent la concurrence avec les machines étrangères. Sur quarante bâtiments que l'État possède, vingt-deux sont munis d'appareils français. Dans l'examen auquel nous nous sommes livrés, nous n'avons pu constater qu'un fait : c'est que les machines construites à Indret ne consomment pas plus de combustible que les meilleures machines anglaises. Quelques-unes de celles qui ont été construites par les industries privées sont, sous ce rapport, inférieures à celles de l'État. Mais nous devons dire que l'État entretient dans la Méditerranée près de trente navires à vapeur, qu'ils ont affaire à une mer difficile; que plusieurs portent des machines non seulement françaises, mais sorties des ateliers particuliers : et il n'y est jamais arrivé d'accident; leur vitesse égale leur solidité.

« Sur la seconde objection, il faut reconnaître que, dans cette matière, la hardiesse des entreprises dépasse de moment en moment les entreprises essayées jusque-là. En ce moment, l'Angleterre fait des machines de 1,000 chevaux. Elle ne l'avait pas tenté encore. Mais on sait que la difficulté de la fabrication ne consiste point dans la grandeur des appareils. Elle réside dans le moulage, dans l'assemblage, dans l'ajustage. Il faut un outillage exprès, un outillage dispendieux, et des ouvriers qui sachent s'en servir. Si on ne fait jamais de commandes à nos ateliers, on leur fera l'objection toujours. Et ici de graves intérêts doivent préoccuper notre pensée.

« Il s'agit de l'avenir de nos ateliers de construction. Si nous désespérons de nous-mêmes, si nous ne nous confions jamais à nos constructeurs, à nos mécaniciens, à nos ingénieurs, quand en aurons-nous? Notre marine royale sera-t-elle toujours tributaire de l'Étranger pour tout ce que ses ateliers ne pourront pas fournir? N'est-il pas évident qu'elle-même ne perfectionnera point avec la même ardeur ses procédés, si elle ne trouve de points de comparaison que chez nos voisins? En cas de guerre, comment pourrons-nous réparer nos machines et les renouveler, si nous ne préparons pas dans la paix des ouvriers habiles, si nous ne formons pas dans la paix des ateliers considérables? Ce n'est point la guerre qui nous les donnera.

« Et l'erreur serait de croire que cette nécessité ne pèsera sur nous que dans la guerre. Dès à présent elle se fait sentir. Les ateliers anglais sont si encombrés de commandes, qu'il ne faut pas s'attendre à y trouver de la ferveur pour nous servir. Les engagements ne seront, ne sont déjà souscrits qu'à longs termes; et, en fait de vastes appareils, les Anglais et les Américains nous laisseront toujours à une plus grande distance d'eux.

« Il est hors de doute que l'industrie privée nous présente quelques établissements qui sont en état de faire honneur à nos commandes. C'est un devoir pour nous de les alimenter. Mais ils ne pourraient pas fournir un grand nombre de machines. Le Ministère de la marine nous promet de leur en demander. Il nous l'a promis dans des proportions qui nous ont paru suffisantes; nous les croyons en proportion avec la situation actuelle de notre industrie. Ce lui sera un encouragement sérieux. Nous regardons comme un des avantages de la construction par l'État de pouvoir le lui assurer.

« L'État lui-même ne pourra fournir immédiatement à tous les besoins du service. Il y aura donc lieu de faire encore un appel à l'industrie anglaise, mais dans des limites modérées. Ce sont des modèles que nous lui demanderons; en nous applaudissant d'avoir hâté par notre sollicitude l'époque où nous n'aurons plus à les aller chercher au dehors. »

NOTE C.

(Extrait du rapport de M. le comte Daru.)

« Où l'Administration devra-t-elle faire ses commandes de machines : sera-ce en France ou à l'Étranger?

« Du moment que la vapeur est une arme de guerre, il faut que nous puissions nous-mêmes, et sans recourir à l'industrie étrangère, la mettre en jeu. Il ne faut pas que la France soit contrainte de demander à d'autres nations un élément de sa force ce serait nous mettre dans une dépendance inacceptable. Il ne peut pas y avoir deux opinions sur ce point.

« Mais nous n'avons pas encore construit de ces machines; elles exigent un outillage spécial que nos fabricants n'ont pas, une expérience particulière qui leur manque. En supposant qu'ils pussent, du premier coup, faire aussi bien que les Anglais, ils ne feront pas, dans tous les cas, aussi vite, puisqu'ils n'ont pas d'établissements montés; et le temps nous presse.

« L'Administration de la marine doit donc, selon nous, s'attacher à deux choses : à encourager l'industrie nationale, à lui faire autant de commandes que le permet l'urgence, la nouveauté du travail et la nécessité d'une installation spéciale, en exigeant de bonnes conditions de fabrication; car il ne faut pas compromettre le succès de notre entreprise, et ce succès dépend en grande partie de la qualité des moteurs. Puis, comme une industrie du genre de celle dont nous nous occupons ne se crée pas dans un jour; comme il faut, pour l'organiser, du temps et des frais; pour la perfectionner, de l'expérience; comme les modèles nous manquent, il sera certainement nécessaire d'avoir recours, dans une certaine mesure, aux constructeurs anglais. Du reste, que cette concurrence n'effraie pas nos fabricants. Le nombre des ateliers anglais auxquels le Gouvernement peut s'adresser avec confiance est si restreint, les commandes qu'ils ont reçues sont déjà si considérables, que nous tenterions vainement, alors même que nous le voudrions, de leur livrer l'exécution de la totalité de nos machines. Le jour arrivera où nous pourrons tirer du sein de la France tout ce qui sera nécessaire à notre grande navigation, mais ce jour n'est pas arrivé. En ce moment, nous devons nous préoccuper du but; c'est là ce qu'il faut voir, c'est là un besoin de premier ordre. L'intérêt de l'industrie nationale ne vient qu'en seconde ligne. »

DISCOURS DE M. LE BARON THÉNARD.

« Messieurs,

« Je ne viens pas combattre le projet; je le défendrais s'il en était besoin. C'est une pensée heureuse et féconde que de faciliter les communications entre les peuples; c'est un puissant moyen de vivifier le commerce en multipliant les échanges, de créer de nouvelles sources de richesses, de faire sentir le prix de la paix, et même de prévenir la guerre, qu'il ne faut faire qu'autant que l'honneur et la justice l'ordonnent.

« Mais, tout en adoptant le projet de loi, je désire qu'il me soit permis de présenter quelques observations dans l'intérêt de notre industrie et de la défense du pays.

« Des machines à vapeur de la force de 4 à 500 chevaux sont nécessaires pour les paquebots qui vont être établis. D'où les tirera-t-on : est-ce d'Angleterre, ou seront-elles faites en France? Question importante, dont la solution peut avoir une grande gravité.

« Pour moi, je n'hésiterais pas un seul instant : je les ferais construire dans nos usines.

« On m'objectera sans doute que les usines françaises n'ont pas encore fait de machines aussi puissantes ; que si on leur en confiait l'exécution, ce serait compromettre le service. On ajoutera peut-être que les machines françaises fonctionnent moins bien que les machines anglaises, et qu'ici la vitesse doit être prise en grande considération : car elle est tout.

« Je conviens d'une partie de ces faits ; mais je fais plus que révoquer les autres en doute, je les tiens pour inexacts.

« Les machines françaises d'une force ordinaire, d'une force de 40 à 70 chevaux, valent les meilleures machines anglaises. Ce qui le prouve d'une manière incontestable, c'est que, d'après les états des douanes, le commerce n'en tire plus ou presque plus d'Angleterre. Aussi, tandis qu'en 1820 on ne comptait en France que quelques usines où l'on faisait des machines à feu, il en existe aujourd'hui plus de cinquante, tant à Paris que dans les départements.

« Je reconnais que nos usines ne font pas des machines à vapeur d'une force de 450 chevaux ; mais il n'est pas plus difficile de faire des machines de cette force que des machines d'une force moindre : il suffit pour cela d'avoir un assortiment d'outils convenables.

« Or, cet assortiment exigeant des capitaux considérables, nos constructeurs n'en ont pas fait l'acquisition, par une raison toute simple : c'est que jusqu'ici l'on a eu rarement l'occasion d'employer des machines aussi puissantes. Il en serait tout autrement si le Gouvernement leur donnait à faire toutes celles qui doivent être placées sur les paquebots. Réunis pour cette entreprise, nos ateliers seraient bientôt complets et capables de l'exécuter avec le plus grand succès.

« D'autres considérations d'un ordre bien plus élevé militent encore en faveur de la cause que je soutiens. Les bâtiments à vapeur ne tarderont pas à être des bâtiments redoutables de guerre, ou plutôt ils le sont déjà ; tout nous porte à croire qu'ils sont destinés à faire une révolution dans les fastes de la marine. Malheur à la nation qui, en cas de guerre maritime, en serait dépourvue, lorsque sa rivale en aurait : son commerce serait bientôt détruit, ses flottes anéanties, ses côtes et jusqu'à ses ports insultés sans cesse ! Il faut donc que la France soit en mesure d'en construire.

« Nous sommes habiles à faire la charpente des bâtiments ; nous avons des fonderies qui ne laissent rien à désirer : mais ce qui nous manque, ce sont des ateliers dans lesquels on fasse actuellement de puissants moteurs à vapeur. La France, à cet égard, ne doit dépendre que d'elle-même.

« Ainsi : ou le Gouvernement prendra dans nos usines les machines dont il a besoin, et dès lors il devra s'empresser d'accepter le parti que je lui propose ; ou bien, s'il ne les y prend pas, il faudra nécessairement qu'il fasse des ateliers de construction : il devra agrandir Indret, il devra demander aux Chambres les fonds qu'exigera cette dépense; je dis plus, il aurait dû les avoir demandés déjà. La défense du pays lui en faisait la loi.

« Dans tous les cas, quel que soit le parti qui sera pris, je reconnais la grande utilité du projet, et j'en vote l'adoption. »

NOTE D.

MONSIEUR THIERS, PRÉSIDENT DU CONSEIL DES MINISTRES.

« Monsieur le Président du Conseil,

« Nous venons de nouveau invoquer votre sollicitude pour notre industrie.

« Nous avons un moment conçu l'espoir de l'obtenir, car vous nous aviez donné l'assurance que vous regardiez le développement de nos ateliers comme un des progrès les plus intéressants de la richesse du pays.

« Nous nous disions que cette opinion si favorable n'était pas une simple parole de consolation pour l'état de souffrance dans lequel la crise commerciale nous a jetés.

« Nous ne pouvions oublier qu'il n'en est pas de notre industrie comme de celles dont le sol, le climat, ou d'autres causes, rendent les conditions naturelles tellement défavorables, qu'elles ne peuvent s'acclimater qu'aux dépens de longs sacrifices imposés aux consommateurs.

« Les matières premières ne nous manquent pas; elles égalent en qualité celles qu'emploient nos rivaux, si elles ne les surpassent.

« L'intelligence ne manque pas à nos ingénieurs, et vous même admettez que nos ouvriers sont comparables aux plus habiles ouvriers de l'Europe.

« Dans la voie expérimentale par laquelle passent toutes les créations nouvelles, précédés que nous sommes par un pays plus actif que le nôtre, nous sommes moins exposés à des fautes, parce que la prudence et notre intérêt nous portent à commencer par imiter ce que le succès a déjà consacré.

« Quand nous avons servi toutes les industries du pays, quand nous les avons si rapidement affranchies de la dépendance de nos voisins pour leurs moteurs et leurs appareils de fabrication, la navigation transatlantique sera-t-elle la seule aux besoins de laquelle nous ne puissions suffire!

« Veuillez réfléchir, Monsieur le Président du Conseil, que votre haute position vous fait notre seul juge ; que devant l'accomplissement d'une pensée à laquelle vous attachez un grand intérêt national, votre courage n'hésite pas à concentrer sur vous la responsabilité des moyens d'atteindre le but : que vous vous êtes fait le promoteur, le défenseur principal du projet de loi, que vous veillerez à son exécution avec la même volonté ; et qu'en conséquence si nous perdons votre appui, il doit nous rester peu d'espoir.

« Nous vous supplions donc d'apporter dans la résolution que vous prendrez l'impartialité d'un juge.

« Nous ne dissimulons pas la force des arguments qu'on nous oppose.

« C'est le préjugé d'abord : *nous construisons moins bien que nos rivaux ;* mais pour les machines fixes on convient que nous l'emportons.

« Pour la navigation fluviale, nous les avons surpassés ; pour le remorquage et dans les forces de 160 à 200 chevaux, ils n'ont pas encore pu atteindre l'économie de construction et d'usage de nos machines.

« Pour les métiers des grandes industries nous avons acquis une juste célébrité.

« Nous avons réussi en toute occasion, et le préjugé n'a pas de base ; dans la circonstance actuelle, l'imitation à laquelle nous serons sans doute astreints est un nouveau gage : comment plus mal faire, quand nous ne pouvons pas faire autrement que nos voisins !

« *Nous n'avons pas d'outils ;* mais cet argument contre nous peut-il être sérieusement invoqué ! Sans doute quelques pièces de grande dimension dans ces machines exigent des outils spéciaux ; mais, d'abord, quelques-uns d'entre nous les possèdent en partie : chez les uns les grands marteaux de forge, chez les autres les outils d'alésage et de tour, chez d'autres enfin les grues de montagne, à tous il ne reste qu'à compléter leurs ateliers par un très petit nombre (quatre ou cinq) de ces outils. Il est vrai que ces outils sont d'un prix assez élevé, mais l'outillage que nous possédons et au moyen duquel se confectionneront toutes les pièces courantes a une valeur et un emploi infiniment plus considérables dans la fabrication de ces machines.

« La vérité de cette assertion n'est pas contestable, puisque nous avons déclaré à la commission de la Chambre des Députés et à l'Administration de la marine que nous ne demandions aucune augmentation de prix pour l'achat des outils spéciaux et la confection des modèles, et que la commande de deux appareils suffirait à chacun de nos ateliers pour se couvrir.

« Nous ne pouvons, Monsieur le Président du Conseil, trop appuyer sur cette déclaration, car vous avez donné une importance considérable à cet argument dans la discussion qui a eu lieu devant la Chambre des Pairs.

« Il n'est pas d'atelier en Angleterre qui ait absorbé un capital de dix millions, leur valeur en moyenne, nous l'affirmons, n'est pas plus considérable que celle de nos grands ateliers : leur capital de construction varie entre 500,000 fr. et deux millions, on ne pourrait citer qu'une ou deux exceptions à ce chiffre maximum.

« *Nous ne pouvons faire aussi vite*. Sur ce point encore nous sommes accusés sans motifs. Dans quelle position en effet l'État va-t-il se trouver vis-à-vis des constructeurs anglais! La marine voudra fixer un système, car celui du constructeur du bateau le *Liverpool* a échoué, celui du *Great Western* donne lieu à des inquiétudes motivées sur des avaries sérieuses, et celui de *British-Queen* fait sur l'ancien modèle des machines de 220 chevaux est d'un poids beaucoup trop considérable. Si donc il y a lieu de faire un choix, il faudra imposer aux constructeurs anglais le système qu'on aura préféré; et alors on sera à leur discrétion pour le prix des modèles et des outils, ainsi que pour les délais d'exécution : ajoutons qu'on n'obtiendra d'eux aucune des responsabilités de bonne exécution que nous sommes prêts à assumer.

« Nous terminons ici ces observations; veuillez faire examiner nos ateliers, Monsieur le Président du Conseil, et vous reconnaîtrez que nous pouvons faire aussi bien, aussi vite, aussi couramment que nos voisins, sans imposer un sacrifice au pays. Personne ne nie tous les avantages qu'il y aurait à ce que la France produisît ces machines de navigation transatlantique, beaucoup de bons esprits vont jusqu'à penser que ce serait un malheur pour la France qu'elle dépendît de l'Étranger sous ce rapport; et nous vous affirmons que, si vous voulez acquérir au pays cette nouvelle puissance, vous ne trouverez pas d'instruments plus dévoués que nous au succès.

« Veuillez, Monsieur le Président, agréer l'assurance de notre profond dévouement.

Schneider aîné,
Stehelin,
Cavé,
Pauwels,
Edwards pour Sudds, Barker et Adkins,
Edwards. »

A M. LE RÉDACTEUR DES DÉBATS.

« Monsieur,

« A la séance de la Chambre des Pairs du 4 juillet, et à l'occasion de la discussion de la loi sur les bateaux transatlantiques, M. le président du conseil a émis l'opinion que les constructeurs français étaient dans l'impuissance de participer aux constructions des machines dont ces bateaux doivent être munis. Dans les réflexions dont vous avez fait suivre le compte-rendu de cette séance, vous semblez admettre, sans discussion, les faits sur lesquels M. le président du conseil a basé son opinion.

« La publicité de ces faits, l'autorité qu'ils prennent de la position de M. le président du conseil, et l'assentiment qu'ils ont trouvé dans la presse, nous placent dans une circonstance d'autant plus grave, que la part personnelle prise par M. le président du conseil dans la pensée et la discussion du projet nous fait supposer qu'il s'en réserve une non moins importante dans son exécution.

« Il est alors bien certain que si, en effet, il fallait compter par dizaines de millions les capitaux nécessaires pour mettre nos ateliers à même de construire les grandes machines de navigation avec la même facilité que les ateliers anglais, M. le président du conseil devrait nous ôter toute participation dans les commandes de l'État ; nous ajouterons que nous n'en réclamerions aucune, car aucun de nous n'a 10 millions à dépenser en outillage d'ateliers.

« Il nous était facile de fournir à M. le président du conseil la preuve que cette opinion lui était personnelle et tenait à une erreur dans laquelle on l'a fait tomber. Nous nous sommes donc mis en mesure de le désabuser. Mais notre but ne sera pas en cela complétement atteint : il importe encore aux intérêts de l'industrie que nous représentons, que cette erreur et les traces de ses conséquences disparaissent tout-à-fait dans l'opinion publique. Quelques mots suffiront, nous en avons l'espoir.

« Nos grands ateliers sont complétement outillés pour la constructions des machines de 160 à 220 chevaux, et cependant c'est sous l'influence des chances auxquelles les constructeurs étaient livrés par le système d'adjudication qu'ils ont fait l'avance des capitaux nécessaires pour installer chez eux cette fabrication Personne ne conteste aujourd'hui que leurs machines de cette force ne soient égales en qualité aux machines anglaises.

« Ces mêmes constructeurs ont déclaré à la Commission de la Chambre des Députés, dans le sein de laquelle ils ont été appelés, que la dépense en outillage qu'ils auraient à faire pour compléter leurs ateliers pour la construction des machines de 500 chevaux n'irait pas au delà de 200,000 francs.

« Les constructeurs n'ont pas hésité à faire la même déclaration à l'Administration de la marine, ajoutant qu'une commande à chaque atelier de deux appareils suffirait pour couvrir la mise dehors des capitaux nécessaires à l'outillage spécial de ces appareils, et que ces commandes seraient exécutées dans les mêmes délais que ceux que demanderaient les ateliers anglais

« S'il était nécessaire d'ajouter à la force de cette déclaration, nous dirions que les ateliers anglais qui n'ont pas construit de ces grandes machines sont dans une position exactement semblable à la nôtre ; que parmi les quatre qui en ont construit, deux ont échoué dans le choix du système, et que nous sommes à l'abri de ce malheur puisque le choix du système aura été éclairé par l'expérience et jugé par les ingénieurs de la marine, dont on ne peut contester l'habileté :

« Qu'enfin les délais d'exécution sont encore en notre faveur, car devant le petit nombre de constructeurs anglais qui fabriquent ces machines, et l'importance des commandes qu'ils ont reçues des Compagnies anglaises, il y aura lieu pour la France soit de s'adresser pour ses dix-neuf bateaux à des ateliers placés dans la même position que nous, soit de se mettre à la merci des premiers pour le délai de livraison et les prix.

« Nous terminerons par une dernière considération : c'est que si nous imitions l'Angleterre pour la construction des bateaux transatlantiques, nous devrions l'imiter aussi dans ses moyens de les établir et de les entretenir : les arsenaux de la marine anglaise qui servent à la fabrication et à l'entretien de ses machines de navigation de commerce ou de guerre, ce sont les ateliers de l'industrie privée ; et on comprend d'autant moins qu'en France il en soit autrement, que l'entreprise dont il s'agit n'est pas exclusivement, comme en Angleterre, une entreprise commerciale, mais est, en outre, une arme pour le cas de guerre. En cas de guerre, faudra-t-il donc s'adresser, pour l'entretien, aux arsenaux étrangers, peut-être à ceux de nos ennemis !

« Nous ne pouvons mieux faire, pour fixer l'opinion sur ce point, que de rappeler les paroles de l'honorable rapporteur de la loi à la Chambre des Pairs :

« Du moment que la vapeur est une arme de guerre, il faut que nous puissions « nous-mêmes, et sans recourir à l'industrie étrangère, la mettre en jeu. Il ne faut « pas que la France soit contrainte de demander à d'autres nations un élément de « sa force, ce serait nous mettre dans une dépendance inacceptable. Il ne peut pas « y avoir deux opinions sur ce point. »

« Par procuration SCHNEIDER frères et Cie, du Creusot, CH. RENOUARD; STEHELIN et HUBERT, de Bitschwiller (Haut-Rhin) ; EDWARDS pour SUDDS, ADKINS et BARKER de Rouen ; EDWARDS; CAVÉ, à Paris; ÉMILE MARTIN, pour La Ciotat; L. PAUWELS, à Paris; HALLETTE, à Arras.

« 5 juillet 1840. »

NOTE E.

(*Extrait du discours de M. Arago.*)

« J'ai dit que je ne demande, que je ne sollicite aucun sacrifice. Remarquez, en effet, que la loi du 2 juillet 1836 avait établi un droit de 30 pour 100 sur les machines à vapeur étrangères. Ce droit, avec le décime, conduisait en définitive à une prime de 33 pour 100; elle a été depuis réduite de moitié quant aux locomotives.

« Vous dire par quelle interprétation, par quel jeu d'imagination, on est arrivé à trouver que les locomotives ne sont pas des machines à vapeur, est au-dessus de ma portée.

« Quoi qu'il en soit, le droit d'entrée se trouve réduit à 15 pour 100. En ce moment les machines anglaises entrent en France au droit de 15 pour 100. Je ne demande pas, quant à moi, que ce droit soit augmenté; je ne désire nullement qu'on revienne aux dispositions de la loi du 2 juillet 1836 : je ne sollicite, enfin, aucun accroissement de droit.

« Nos constructeurs ont assurément de très bonnes raisons pour soutenir que les locomotives sont des machines à vapeur, et pour demander qu'on les comprenne de nouveau dans les prescriptions de la loi du 2 juillet 1836. Cette prétention, toute légitime qu'elle est, je ne l'appuie pas; je ne demande même le maintien du droit actuel de 15 pour 100 qu'afin que les constructeurs français aient la matière première au même prix que les constructeurs anglais, et qu'ils puissent lutter contre eux à armes égales.

« Mon amendement réduira le prix des machines françaises au prix des machines anglaises; les Compagnies ne perdent rien de leur position actuelle : je n'entends leur imposer aucun nouveau sacrifice.

« Mais, dira-t-on, quel est en ce cas le but que vous vous proposez ? Messieurs, ce but, le voici, je l'ai déjà indiqué : je veux affranchir nos constructeurs des conséquences fâcheuses d'un préjugé très enraciné dans notre pays. On croit généralement que nos ingénieurs ne sont ni aussi habiles, ni aussi expérimentés que les ingénieurs anglais.

« Qu'ils ne soient pas aussi expérimentés, je le reconnais; quoique cependant, au prix d'énormes sacrifices, ils aient acquis depuis peu une grande habileté. Ceci n'entraine cependant pas la conséquence que les locomotives anglaises sont meilleures que les locomotives françaises. Vous sentez, Messieurs, qu'avant de vous proposer mon amendement j'ai dû fortement me préoccuper de cette question. C'est donc après un examen approfondi que je déclare sans hésiter que les constructeurs français sont en mesure d'exécuter les machines locomotives tout aussi bien et au même prix que les constructeurs anglais, lorsque vous aurez fait la défalcation du prix de la matière première.

« Lorsqu'il se manifeste un accident, et il en arrive fréquemment aux locomotives; si la machine est anglaise, on range l'accident parmi les événements inévitables : la machine est-elle française, on en parle trois cent soixante-cinq fois dans les années ordinaires, et trois cent soixante-six fois dans les années bissextiles.

« Voyez ce qui est arrivé ces jours derniers à une locomotive de la Compagnie d'Orléans : elle conduisait, je crois, une commission de la Chambre à Choisy. Un des tuyaux de la chaudière fit explosion. Grande rumeur aussitôt contre les machines françaises. Il n'y avait qu'un malheur à cela : la machine était anglaise.

« Ce n'est pas seulement en fait de locomotives qu'on a eu des préjugés dans notre pays. Remontons à une époque éloignée, et vous y trouverez l'idée très arrêtée de notre insurmontable infériorité en fait d'instruments de précision et d'instruments d'optique.

« Il a dépendu de moi de combattre, d'anéantir cette fausse opinion ; pour arriver à un résultat national et éminemment désirable, j'ai été quelquefois obligé d'engager ma responsabilité. Où en sommes-nous maintenant : il ne viendrait à personne l'idée de commander en Angleterre un instrument de précision, un instrument d'astronomie, un instrument de marine.

« Jadis une lunette anglaise était un bijou précieux, un instrument qu'aucun artiste du continent ne devait égaler. Allez aujourd'hui à l'observatoire de M. Edward Cooper, en Irlande; à l'observatoire de Kensington, à l'observatoire royal de Greenwich, à l'observatoire de Cambridge, et vous les trouverez meublés de lunettes françaises, et vous reconnaîtrez que les plus grandes sont sorties des ateliers de M. Cauchoix.

« Ce que j'ai pu obtenir, moi simple individu, pour des instruments de sciences, je demande à la Chambre de le faire pour les locomotives.

« Savez-vous, Messieurs, pourquoi il faut inévitablement aller en Angleterre pour avoir de bonnes locomotives : c'est, dit-on, qu'elles y ont été inventées, et que les inventeurs en savent toujours beaucoup plus que les imitateurs.

« Je nie d'abord la majeure. Il n'est pas vrai que les machines locomotives, dans leurs parties les plus essentielles, aient été inventées en Angleterre. Quest-ce qu'une machine locomotive : c'est tout simplement une machine à vapeur ordinaire, fort ramassée, dans laquelle le mouvement de va-et-vient du piston est transformé en un mouvement de rotation. Les artifices par lesquels cette transformation s'opère ont été très ingénieusement disposés par M. Stephenson; mais, on doit le dire, ils étaient connus et décrits dans des ouvrages imprimés.

« Il n'y en a pas un qui ne figure avec tous ses détails dans l'ouvrage de MM. Lanz et Bétancourt.

« Que remarque-t-on de particulier, de capital dans une machine locomotive?

« On y remarque une chaudière à évaporation très rapide; on y remarque une manière toute spéciale d'y souffler le feu : la chaudière et le moyen de ventilation sont incontestablement l'un et l'autre d'invention française.

« Qu'on ne vienne donc plus nous dire que les machines locomotives appartiennent à l'Angleterre, afin d'avoir, contre toute vérité, un prétexte pour les faire exécuter de l'autre côté du détroit.

« Il faut bien le remarquer, Messieurs, nous avons sur ce genre de machines un tel engouement, de tels préjugés, on attribue, j'oserais presque dire, à l'atmosphère de la France une influence tellement délétère, que quand un ingénieur étranger vient s'établir chez nous on n'accepte plus ses machines, n'eût-il fait d'ailleurs usage pour les construire que d'ouvriers anglais.

« S'il fallait citer des exemples, le nom de M. Taylor, le nom de l'ingénieur préposé à la réparation des bateaux à vapeur de la Méditerranée, sortirait naturellement de ma bouche.

« Messieurs, il faut nous affranchir de ce préjugé; il ne faut plus faire construire en Angleterre ce que nous pouvons exécuter chez nous, surtout quand il s'agit d'armes de guerre.

« Ferait-on assez de bonnes machines dans notre pays, pour satisfaire aux besoins de toutes les Compagnies de chemins de fer? Oui, Messieurs, on exécute un grand nombre de bonnes machines en France. On les exécute avec d'énormes sacrifices, par des moyens de fabrication qui son incomplets, parce que n'ayant pas l'espérance de beaucoup de commandes les constructeurs ne s'outillent pas. Malgré cette infériorité dans les moyens de production, les résultats ont été extrêmement satisfaisants.

« On a cité, je le sais, des accidents, des manivelles mal cintrées, des essieux rompus. Tout cela s'est également vu en Angleterre. Je me suis procuré un tableau des accidents arrivés aux machines anglaises; par exemple, aux machines locomotives du chemin de Saint-Germain. Ce tableau est dressé par un juste appréciateur de l'industrie de nos voisins : qu'on le lise, et l'on aura beaucoup à rabattre d'une aveugle admiration.

« On parle sans cesse de quelque défaut de solidité remarqués à l'origine dans des machines construites en Alsace, ces défauts disparurent aussitôt qu'on les signala. J'en appelle au surplus au témoignage de M. Kœchlin : il vous dira que les machines de Thann marchent aussi bien que les machines anglaises. Je pourrais invoquer encore les machines françaises d'Anzin, et M. Joseph Fourier serait mon garant; celles du chemin d'Andrezieux à Roanne sont louées par le syndic de la Compagnie, etc., etc.

« Quand on parle d'accidents, on croit, je le répète, qu'en Angleterre les machines ont le privilége de n'en pas subir. C'est une immense erreur. J'ai ici, sous la main, le tableau des réparations effectuées sur le chemin de Liverpool à Manchester en 1833; ces réparations se sont élevées à une dépense de 453,000 francs. Qu'on l'avoue donc : il arrive des accidents dans les machines anglaises, auprès du lieu même où elles sont fabriquées.

« Voudrait-on soutenir que les prescriptions de mon amendement sont sans précédents dans l'Administration française : eh bien! vous trouverez que le 24 juin 1832 M. le ministre de la guerre prescrivait impérieusement, par une circulaire, que tous les fournisseurs de la guerre ne se servissent que de draps et de toiles françaises. Le Gouvernement avait donc senti la nécessité d'encourager l'industrie française : ici c'est plus que d'une industrie, c'est d'une arme puissante qu'il s'agit.

« Voici sans contredit la question la plus grave :

« Les usines françaises pourraient-elles suffire à tous les besoins?

« Sur le nombre total des locomotives que nous avons sur nos chemins de fer, les ateliers français en ont fabriqué 59, l'Angleterre en a fourni 97.

« A quoi bon protéger des constructions qui se développent d'elles-mêmes? Voici ma réponse : Les constructeurs français perdent actuellement sur toutes les locomotives qu'ils exécutent. Ils les vendent à très bas prix, parce qu'ils n'ont pas d'autre moyen de les faire accepter. Si mon amendement est adopté, nos mécaniciens s'outilleront. Qui pourrait actuellement les engager à acheter des appareils qui coûteraient 2 à 300,000 francs, quand ils n'ont pas la certitude de faire en un an une machine de la seule valeur de 40,000 francs!

« Je disais qu'il était possible de trouver dans les ateliers français de quoi pourvoir à tous les besoins des chemins de fer, aux besoins présents, aux besoins futurs, même en parlant seulement de ceux qui aujourd'hui construisent des locomotives.

« Après une enquête sérieuse, j'ai trouvé que la Compagnie d'Anzin pouvait faire 10 machines par an; que la Compagnie du Creuzot pourrait en faire 24 dans le même temps; que M. Stehelin s'engagerait à en fabriquer 24; M. André Kœchlin, de Mulhouse, 24; M. Cavé, de Paris, 24; la Compagnie de Saint-Étienne à Lyon, 12; M. Cazalis, de Saint-Quentin, 10; M. Pauwels, 18; l'atelier de La Ciotat, sous la direction de M. Stephenson, 10.

« Messieurs, la classe des mécaniciens, que concerne plus particulièrement ma proposition, doit exciter au plus haut degré l'intérêt de la Chambre.

« Une de vos Commissions a maintenant dans ses mains des pétitions qui devaient conduire, comme conséquence nécessaire, à l'amendement que j'ai l'honneur de soumettre à votre bienveillance et à vos lumières. Ces pétitions sont signées par plus de 1,000 ouvriers de Rouen, par 1,500 ouvriers de Paris, par 500 ouvriers du Hâvre et par 800 ouvriers d'Arras. Ces braves gens n'ont pas d'ouvrage; ce sont cependant des hommes d'élite, des hommes d'une intelligence très remarquable, très développée. Ces hommes, vous les trouverez toute la journée travaillant avec ardeur, avec courage, avec habileté; le soir ils suivent des cours publics.

« Je parlerai au besoin de leur moralité. M. Pauwels vous dira que naguère il fut obligé, comme tant d'autres de nos ateliers, de renvoyer la moitié de ses 400 ouvriers. « Je garderai, leur dit-il, les plus habiles et les plus anciens. » Le lendemain il reçut une lettre que tous les ouvriers, que tous les 400 sans exception avaient souscrite. Ces ouvriers demandaient que personne ne fût renvoyé, et qu'on réduisit leur journée à moitié de l'ancien prix. Ils s'étaient coalisés, comme je l'ai dit dans une autre enceinte; ils s'étaient coalisés pour souffrir en commun. C'était, vous le voyez, un genre de coalition que la loi pénale n'avait pas prévu.

« Savez-vous ce que deviennent maintenant ces hommes d'élite, ces hommes qui pour la plupart ont déjà appartenu à l'armée, aux armes du génie et de l'artillerie : ils deviennent terrassiers, humbles terrassiers sur vos chemins de fer.

« J'en conjure la Chambre, qu'elle réfléchisse sur la portée de mon amendement; elle verra que les chemins de fer ne souffriront pas de son adoption, et que le pays y gagnera beaucoup.

« Je ne devine pas comment, en présence de ces résultats, on pourrait hésiter à organiser chez nous la fabrication d'une arme qui nous sera indispensable en cas de guerre maritime, tout aussi indispensable que la poudre et les canons.

« D'un autre côté, la création de la navigation transatlantique sera encore pour cette industrie l'occasion d'une nouvelle extension de travaux : M. le ministre de la marine vous a déjà déclaré à ce sujet que le Gouvernement ne s'adresserait à l'industrie étrangère que pour les machines que les usines françaises seraient complétement hors d'état de fournir. La sollicitude du Gouvernement à cet égard ne saurait être douteuse, surtout pour les machines locomotives qui, par suite d'une interprétation donnée à la loi de 1836, ne jouissent aujourd'hui que d'une protection de 15 pour 100. Je ne conteste pas que cette question ne doive appeler de nouveau toute notre attention, et qu'il n'y ait lieu à examiner si cette interprétation est susceptible de quelque modification. Une proposition de cette nature me semblerait raisonnable; mais je ne puis en dire autant de l'amendement sur lequel vous avez à vous prononcer.

« Les Compagnies de chemins de fer ne paieront pas 1 centime de plus qu'elles ne paient sous la législation actuelle.

« Ce que j'ai demandé, c'est qu'on encourage la fabrication des machines à vapeur, comme on encourage la fabrication de la poudre, la fabrication des fusils. C'est une question d'intérêt national, de force nationale, d'indépendance nationale, et non pas une question de douane.

« Je me suis abouché avec les constructeurs de machines, j'ai reconnu qu'ils pourraient lutter avec l'Angleterre et à armes égales. Ce que je vous demande est une chose très facile; il n'est pas question de liberté du commerce, car, je le répète, je n'ai proposé mon amendement que pour les chemins subventionnés, pour les chemins qui, comme le disait M. Duchâtel, ont abdiqué une partie de leur liberté.

« Lorsque, dans les dernières années, l'importation des locomotives a pris un certain développement, les importateurs ont prétendu que la dénomination des pompes à feu devait s'appliquer plus spécialement aux machines fixes; que dans l'esprit du législateur les locomotives n'avaient pas été comprises sous cette qualification, qu'elles devaient plutôt être rangées dans la catégorie des machines non dénommées, et profiter du tarif le plus favorable.

« Cette interprétation a été admise. Si elle est contestée, si des intérêts légitimes en réclament la révision, cette révision peut avoir lieu.

« D'un jour à l'autre on peut revenir sur ce point, mais à une condition : c'est que la question ainsi soulevée ne soit pas résolue à la légère, qu'elle soit profondément examinée et sur toutes ses faces.

« Car, remarquez-le bien, elle touche à des intérêts forts divers.

NOTE F.

14 juillet 1840.

MONSIEUR LE MINISTRE DU COMMERCE.

« Monsieur le Ministre,

« Lors de la présentation du projet de loi sur les paquebots à vapeur transatlantiques, sur les chemins de fer, et sur les droits de douane, les constructeurs de machines, voyant leurs intérêts sérieusement engagés dans ces questions, se sont réunis en assemblée générale dans le but de faire connaître la souffrance de leur industrie et de présenter à l'Administration et aux Chambres les moyens de la faire cesser.

« Ces moyens étaient d'assurer aux ateliers français une part dans les travaux que les nouvelles lois allaient créer, en leur confiant la construction des machines des paquebots transatlantiques, et en replaçant les machines locomotives étrangères dans la catégorie des machines à vapeur, dont elles avaient été irrégulièrement distraites pour faciliter leur introduction en France.

« On demandait aussi le rejet de la disposition du projet de loi sur les douanes, par laquelle on proposait l'introduction, à un droit réduit, des machines à vapeur destinées à la navigation internationale, disposition inutile aux intérêts qu'elle avait en vue de favoriser et portant une grave atteinte aux intérêts des ateliers des constructeurs français et même aux intérêts généraux du pays.

« Un autre moyen de rendre du travail à ces ateliers fut encore signalé : il consistait à modérer l'introduction considérable des machines, outils et métiers étrangers qui a lieu soit à titre de modèles, soit comme pièces détachées; introduction qui n'est que trop excitée par la facilité avec laquelle les introducteurs parviennent à faire admettre des déclarations de valeur beaucoup trop faibles.

« L'assemblée générale des constructeurs, ayant ainsi arrêté les bases de ses réclamations, fit choix d'un certain nombre de ses membres pour en être les organes près de l'Administration et des Chambres; c'est à ce titre que nous avons l'honneur de solliciter votre attention.

« Nous n'avons pas l'intention de vous entretenir de tous les points qui ont motivé les plaintes des constructeurs : la sollicitude de l'Administration, les sympathies des Chambres ont déjà beaucoup fait, ou du moins nous ont donné lieu de beaucoup espérer, quant à la part des travaux qui sera donnée aux ateliers dans la construction des machines des paquebots transatlantiques et quant aux dispositions de la loi de douane relatives aux machines de navigation internationale.

« De plus nous avons reçu de vous les assurances les plus bienveillantes quant au retour à l'esprit et à la lettre de la loi de douane en ce qui concerne l'introduction des machines locomotives étrangères.

« Sur ces différents points donc, nous attendons avec discrétion la réalisation de vos bonnes intentions ; mais il en est un plus général, plus grave peut-être, en ce que son action incessante frappe tous les ateliers sans exception et réduit considérablement leurs travaux : ce sont les tolérances à l'introduction des machines étrangères, par ensemble ou en pièces détachées.

« Ces tolérances, nous nous hâtons de le dire, ne prennent leur source dans aucun intérêt personnel ; elles sont uniquement le résultat d'un défaut de netteté dans l'interprétation de la loi, et d'une organisation administrative insuffisante.

« Nous préciserons nos assertions.

« Deux moyens administratifs d'introduction des machines étrangères existent aujourd'hui.

« En première ligne et pour les ensembles de machines : c'est le Comité consultatif des Arts et Manufactures qui fixe la valeur des machines, et qui juge si elles doivent être introduites en franchise de droit.

« En second lieu et pour les pièces détachées, c'est l'Administration des douanes qui, sans en référer au Comité consultatif, accorde ou refuse leur introduction.

« Ces deux systèmes seront l'objet d'observations spéciales.

« Le Comité consultatif des Arts et Manufactures, composé d'ailleurs d'hommes instruits et indépendants pour lesquels nous professons tous la plus entière estime, n'est pas régi dans ses attributions par des principes suffisamment arrêtés.

« En effet, le but de son institution est d'établir la valeur des machines, de les classer suivant les catégories indiquées dans la loi, d'en reconnaître, s'il y a lieu, la nouveauté, aux fins de l'exemption de droit.

« Ces attributions sont, comme on le voit, de simples moyens d'exécution de la loi.

« Cependant elles se sont tout-à-fait modifiées dans la pratique : on s'est habitué à considérer le Comité consultatif comme ayant pour but de mesurer, de comparer l'intérêt des fabrications auxquelles les machines introduites en France sont destinées, et celui des ateliers français ; de concilier ces deux intérêts par les moyens qui lui sembleront les plus convenables, sans aucune publicité ni responsabilité de ses décisions.

» Or il est bien évident qu'il y a là une altération des intentions de la loi, car la mesure, la comparaison des intérêts de fabrication qui demandent des machines à l'étranger et des ateliers français qui pourraient les construire, cette mesure, disons-nous, est faite par la loi ; elle y est nettement définie par les droits différentiels.

« Ainsi c'est dans l'intérêt des ateliers français que le Comité a été établi, et qu'il a été composé d'hommes instruits, pour pouvoir déterminer la valeur des machines, afin que le droit de 15 ou de 30 pour 100 ne fût pas réduit par des déclarations dissimulant la valeur des machines importées.

« Ce fut encore dans l'intérêt des ateliers français que le Comité fut chargé de reconnaître si véritablement les machines déclarées comme modèles étaient réellement nouvelles.

« Cependant, tels ne sont plus les principes et les actes du Comité consultatif. Quand il lui semble qu'une industrie, qu'une fabrication naissante a besoin de protection, non seulement il permet l'introduction d'un grand nombre de *mêmes machines* à titre de modèles, mais pendant un délai plus ou moins long il admet les machines introduites à une valeur faible pour diminuer l'importance du droit. Or, ce n'est pas là la loi, c'est le contraire de la loi.

« Nous pourrions prouver par des faits de détail les assertions qui précèdent; nous ne l'avons pas jugé nécessaire, la notoriété publique leur étant acquise. Nous offrons, dans le cas où vous le jugeriez convenable, de vous en fournir une série de preuves irrécusables.

« Nous avons combattu le principe des décisions du Comité, nous préciserons ce qui dans l'application nous paraît funeste à notre industrie.

« Le Comité permet l'introduction d'un trop grand nombre des mêmes machines en France à titre de modèles.

« Les machines introduites à titre de modèles sont souvent sans utilité pour le pays; leur possesseur n'en fournit que des plans incomplets, et il n'est pas permis d'en prendre copie dans les établissements où elles sont employées.

« Le Comité est très souvent dans l'impossibilité de reconnaître l'existence réelle des dispositions nouvelles à l'aide desquelles on motive la demande en exemption de droit. Cela vient soit de l'éloignement, soit d'autres causes; il en résulte que pour une addition peu importante ou seulement spécieuse cette exemption est accordée : pour un changement à une pièce de détente, une machine à vapeur est affranchie à l'entrée; la description en est faite avec art, et, comme la vérification n'est souvent pas possible, le Comité est obligé de s'en rapporter à d'habiles assertions.

« Nous avons l'honneur de vous soumettre, Monsieur le Ministre, quelques mesures qui nous paraissent propres à améliorer l'état des choses.

« Nous proposons : 1° que les avis du Comité consultatif soient rendus publics, ou du moins que la communication en soit autorisée.

« 2° Que les bureaux de douane par lesquels l'introduction des machines pourra être faite soient limités à un nombre assez restreint, et que dans chacune de ces localités le Comité consultatif ait un agent instruit et capable chargé de la vérification des machines et d'éclairer le Comité consultatif sur la fidélité des assertions à l'aide desquelles on motive la demande en exemption de droit.

« 3° Que l'Administration des douanes soit autorisée à préempter les machines comme toutes les autres marchandises.

« Il nous reste à porter votre attention, Monsieur le Ministre, sur les actes de l'Administration des douanes par rapport à l'introduction des machines.

« Cette Administration reçoit d'un grand nombre de manufacturiers et autres chefs d'établissements la demande d'introduction en franchise de droit de pièces détachées, elle décide sur la plupart de ces demandes sans les transmettre au Comité; et pour peu que la demande ait pour appui une exemption primitive quelconque pour une des machines de l'établissement du demandeur, elle est accordée. Nous citerons à l'appui de cette assertion l'introduction en franchise, pendant plusieurs années, de cylindres à laminer le fer pour une forge à laminer dont un banc avait été introduit en franchise de droit.

« Nous citerions encore des gazomètres, des fontes d'usines à gaz, des bateaux à vapeur, qui ont été autorisés à aller renouveler leurs chaudières en Angleterre, a y aller également remplacer des pièces usées ou brisées et jusqu'à leurs grilles de fourneaux.

« Cette introduction des pièces détachées a pris maintenant une extension considérable, les ateliers des grands ports en souffrent; parce que cela a pour résultat de les priver de l'entretien des bâtiments à vapeur, qui leur assurerait en travaux courants de puissants moyens de se développer. Cela nuit beaucoup encore aux fabriques de métiers spéciaux, parce que les manufacturiers trouvent dans ces introductions le moyen de renouveler leurs machines; de cette manière on dérobe à nos constructeurs la connaissance des machines que le Comité leur a voulu réserver, en admettant ces machines en franchise, et on leur ôte le moyen de les imiter.

« L'introduction des pièces détachées ne doit avoir lieu que lorsqu'il est démontré que les ateliers français ne peuvent les fournir, et nous pensons qu'une telle circonstance ne se présente presque jamais.

« Nous vous demandons, Monsieur le Ministre, de vouloir bien accueillir nos plaintes avec intérêt; elles ne portent point sur les hommes, ni sur les intentions de l'Administration.

« Nous croyons que les vrais principes qui peuvent hâter le développement des ateliers français ont été méconnus, nous ne doutons pas que nos raisons ne trouvent dans les membres du Comité consultatif et de l'Adminitration des douanes les dispositions les plus libérales et les plus bienveillantes : nous vous devrons une grande reconnaissance de les leur transmettre, en les fortifiant de votre appui.

« LES MEMBRES DU COMITÉ. »

Paris. — Imprimerie et Fonderie de JULES DIDOT L'AINÉ,
Boulevart d'Enfer, 4.

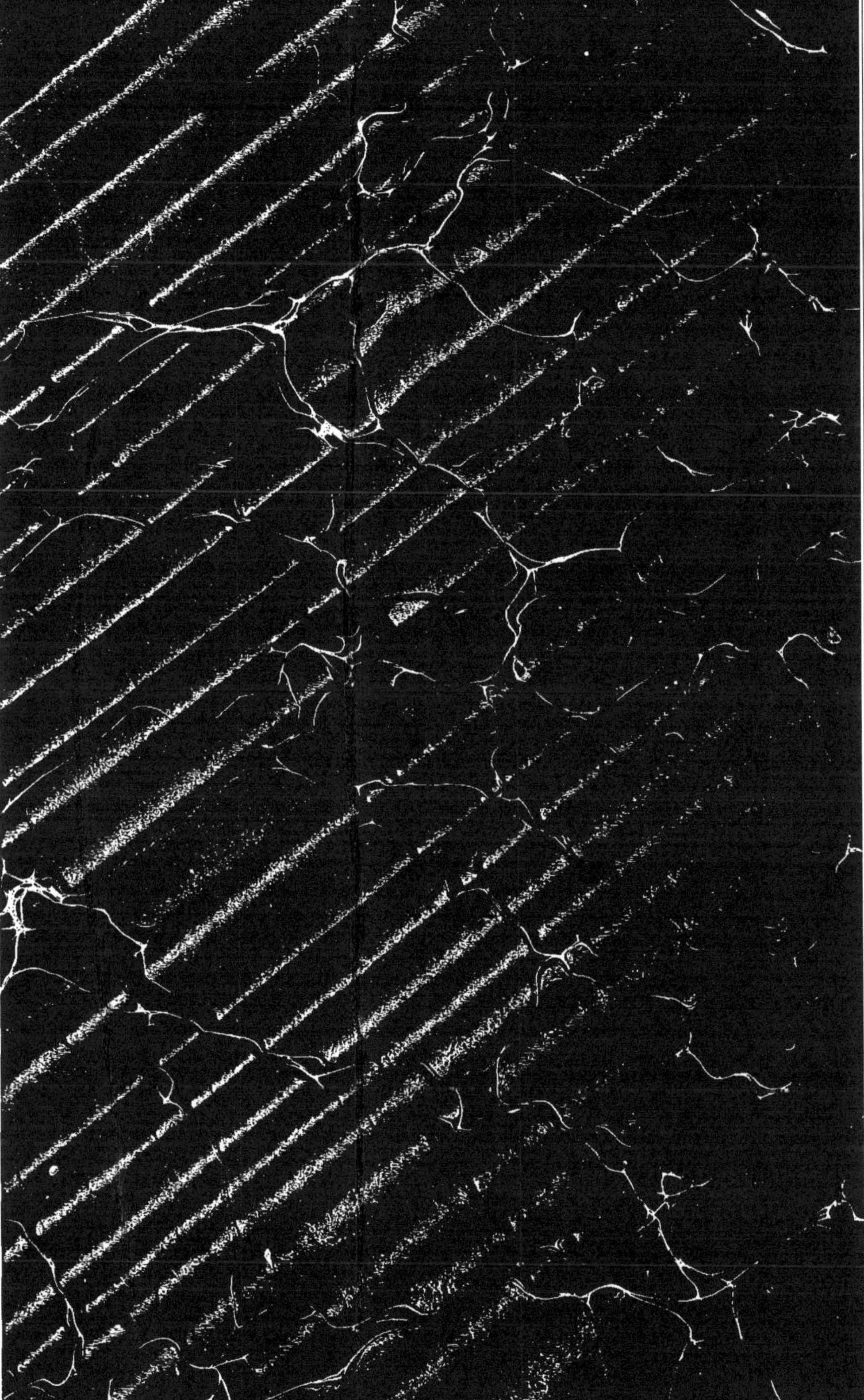

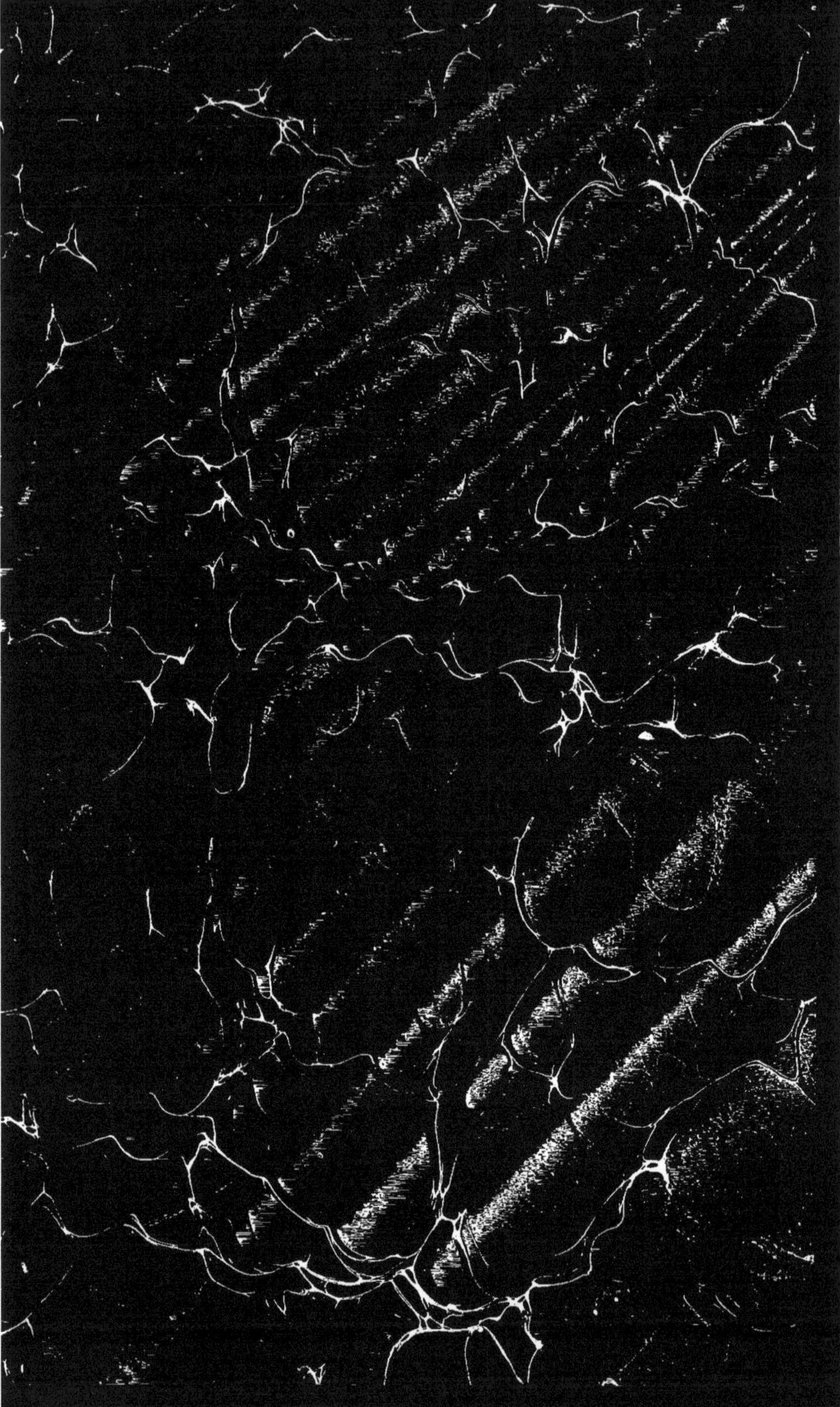

www.ingramcontent.com/pod-product-compliance
Ingram Content Group UK Ltd.
Pitfield, Milton Keynes, MK11 3LW, UK
UKHW020431230726
13925UKWH00004B/1694

9 782013 666053